U0274968

# 黑龍江的冰天雪地
# 也是金山銀山

马　新　周井泉　主编

中国摄影出版传媒有限责任公司
China Photographic Publishing & Media Co., Ltd.
中国摄影出版社

# 序

*PREFACE*

北国好风光，美在黑龙江！

闳深而厚重的自然禀赋造就了黑龙江巧夺天工、摄人心魄的美景，而其位于我国极北、极东的地理位置，也为大美黑龙江赢得了“冰雪之冠”的美誉。

进入新时代，以习近平同志为核心的党中央高度重视生态文明建设。党的十八大以来，习近平总书记先后3次莅临黑龙江视察。2016年3月，习近平总书记在参加十二届全国人大四次会议黑龙江代表团审议时指出，绿水青山是金山银山，黑龙江的冰天雪地也是金山银山。

承载着总书记的殷殷嘱托，黑龙江人以特有的忠诚与执着呵护着上苍赐予的这份大自然之美，并为冰天雪地注入新的文化魂魄。黑龙江的冰雪之美更加独步神州、冠绝天下。

一幅幅壮丽的冰雪画卷，满足了世人对寒冷冬季的所有幻想，以及对冰魂雪韵的醉美向往。

这里的冬季，时而朔风呼啸，林涛怒吼，峡谷震荡；时而云罩雾绕，鹅毛飞舞，一片苍茫；时而风和日丽，银装素裹，冰肌玉洁。这里有漫天雪飘的壮美，有山舞银蛇的盛观；有雪压林海的气势非凡，有江河成镜的银装素裹；有蜿蜒数里雾凇雪凇的交相辉映，有连绵冰排轰然撞击的视觉震撼；有白雪皑皑、冰清雪纯的绝美仙境，有形态各异天然而成的雪檐、雪帘和雪蘑菇构成的雪乡童话世界；有晶莹的冰柱、停泄的冰瀑、天然而成的冰桥等蔚为壮观的冰雪风光……这一切，构成一幅幅精美的冰雪艺术画卷，成为冬季火爆的网红打卡点。

这里的冬季，有中国的“冰雪之都”哈尔滨等着你—— 冰雪大世界美丽梦幻，晶莹剔透的冰雕流光溢彩，数百米的超级冰滑梯带给你玄幻般的感觉；有被称作“雪域童话”的太阳岛“雪博会”等着你—— 寒酥满枝、万籁静美，精美的雪塑作品令你目不暇接；有“雪域麦加”的亚布力滑雪场等着你—— 高山滑雪、雪地摩托车、雪上飞碟、雪山穿越、高山雪峪带你“解锁”等各类冰雪运动体验；有中国雪乡最浪漫的“童话小镇”等着你—— 你可以在梦幻家园、雪韵大街、雪原穿越、狗拉雪橇等场景和项目中感受不同的冰雪乐趣；有风格迥异的冰雪游乐园等着你—— 高空滑雪圈、雪地飞碟、冰上龙舟、冰上花轿、雪地大秋千让你流连忘返……

这里的冬季，还有那些热爱家乡、不负大自然的慷慨馈赠而把美好向往和幸福期待镶嵌于冰雪，用聪明智慧将冰雪幻化成诗意的人们。他们借助冰寒雪霜，制作出独具特色的冻梨、冻柿子、冰糖葫芦等冰冻美食，彰显了冰雪魅力和炽热的美食情怀，赋予了舌尖上的味蕾狂欢；他们以冰雪作具，衍生出抽冰尜、玩雪橇、打呲溜滑等饱蘸童趣、老少咸宜的娱乐方式，成就了独特的民俗风景，为人们提供了重拾童趣的“月光宝盒”；他们以冰雪做舞台，创造出冬泳、滑雪、滑冰等全民冰雪运动，再浇筑燃烧奥林匹克之魂，形成现代冰雪竞技运动，进一步张扬突破生命边界、不断超越自我的运动之美；他们为冰雪赋予温暖的文化情怀、为素净的冰天雪地注入神奇的艺术生命，升华了冬季旅游娱乐内涵，将冰天雪地冷生态催化为炙手可热的热市场，使“冰天雪地也是金山银山”的理念变成鲜活现实。

岁月流转冰雪美韵天地，筑梦未来初心映照日月。为了定格这些美轮美奂的冰雪风光，彰显黑龙江人践行总书记要求的精神风貌，我们在全省征集甄选一批具有代表性的摄影作品，同时深入一线实地拍摄了鲜活的素材。这些作品取材广泛，意境深远—— 或展示雪的飞扬、冰的晶莹，或摹画冰雕艺术之美，或写意冰雪奇景的灵动之魂……最终，我们将这些作品汇集成这部图册，使这些冰天雪地的绝美风光嵌入人们的记忆，更为大美黑龙江的发展历史留下一份珍贵的资料。

田荣义

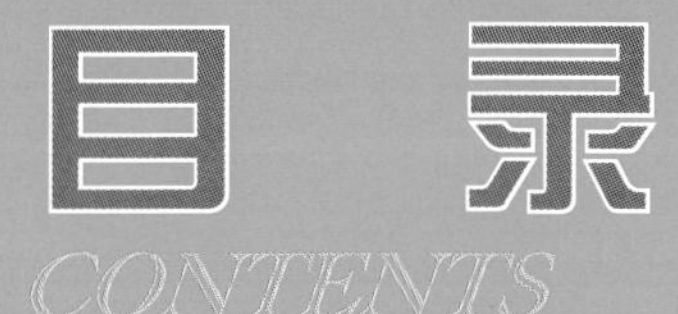

# 目录

CONTENTS

轻轻盈盈，纷纷飞飞，飘然下天庭，琼花满世间。刹那间，冰封万里，周天寒彻，山河峻严。只见冬树缀花，青山白头，江湖如镜，大地披银。望雪之天地，皑皑晶莹而圣洁；观冰之世界，皎皎璀璨而光辉。塞北冰雪令人陶醉，因为雪之情操高尚而美丽，宛如黑龙江人坦诚的心胸；冰之志趣圣洁而神奇，恰似关外汉坚韧秉性。寒中美景堪醉，雪中人杰更美。美哉，吾之家园！壮哉，北极冰雪！

朝烟岭上流
（拍摄于伊春大箐山）

林海披纱
（拍摄于伊春大箐山）

兴安雪凇
（拍摄于伊春大箐山）

北国之冬
（拍摄于伊春大箐山）

雾笼寒烟太平沟
（拍摄于鹤岗萝北）

龙江三峡晨曦
（拍摄于鹤岗萝北）

冰雪流韵
（拍摄于鹤岗萝北）

雾凇俏点红
（拍摄于黑河逊克）

顶图：紫气漫山林（拍摄于大海林林业局二浪河）

上图：雪松（拍摄于哈尔滨五常凤凰山）

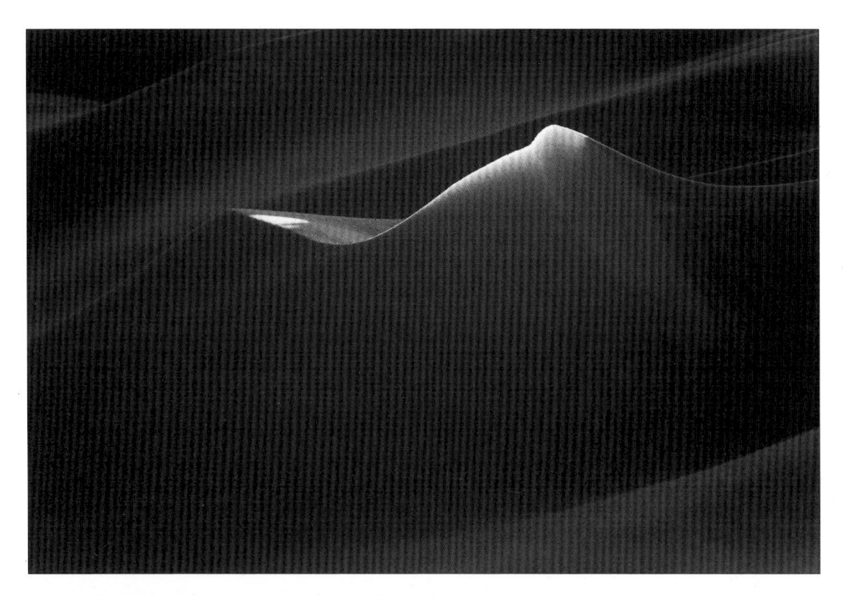

顶图：神光雪韵（拍摄于大兴安岭塔河）

上图：冬天的童话（拍摄于黑河逊克）

冬日暖阳
（拍摄于鹤岗金顶山）

凇
（拍摄于黑河孙吴

紫气东来
（拍摄于大海林林业局风车山）

晨光塑金顶
（拍摄于大海林林业局亚雪公路）

龙江第一峰——大秃顶子山
（拍摄于大海林林业局光明顶）

暖阳
（拍摄于鸡西兴凯湖）

冰雪胜境
（拍摄于哈尔滨五常凤凰山）

湿地青花

（拍摄于鹤岗嘟噜河）

冬季山口湖
（拍摄于黑河五大连池）

龙江第一湾
（拍摄于大兴安岭漠河）

林海银涛
（拍摄于哈尔滨五常凤凰山）

顶图：蓝梦（拍摄于大兴安岭）

上图：冰雪缘（拍摄于鸡西兴凯湖）

银装素裹
（拍摄于哈尔滨五常凤凰山）

湿地塔头

（拍摄于伊春翠北湿地）

屹立
（拍摄于大海林林业局二浪河）

顶图：镜泊冬景（拍摄于牡丹江镜泊湖）

上图：冰河红柳（拍摄于大兴安岭呼中）

36页图：冰河映绿林
（拍摄于大兴安岭呼中）

绿色冰河
（拍摄于大兴安岭呼中）

白山迎客松
（拍摄于大兴安岭呼中）

兴安之巅
（拍摄于大兴安岭呼中）

冰雪七星峰
（拍摄于双鸭山集贤）

顶图：光透琼枝（拍摄于哈尔滨五常凤凰山）

上图：天然雪塑（拍摄于哈尔滨五常凤凰山）

银梦
（拍摄于哈尔滨五常凤凰山）

童话世界
（拍摄于哈尔滨五常凤凰山）

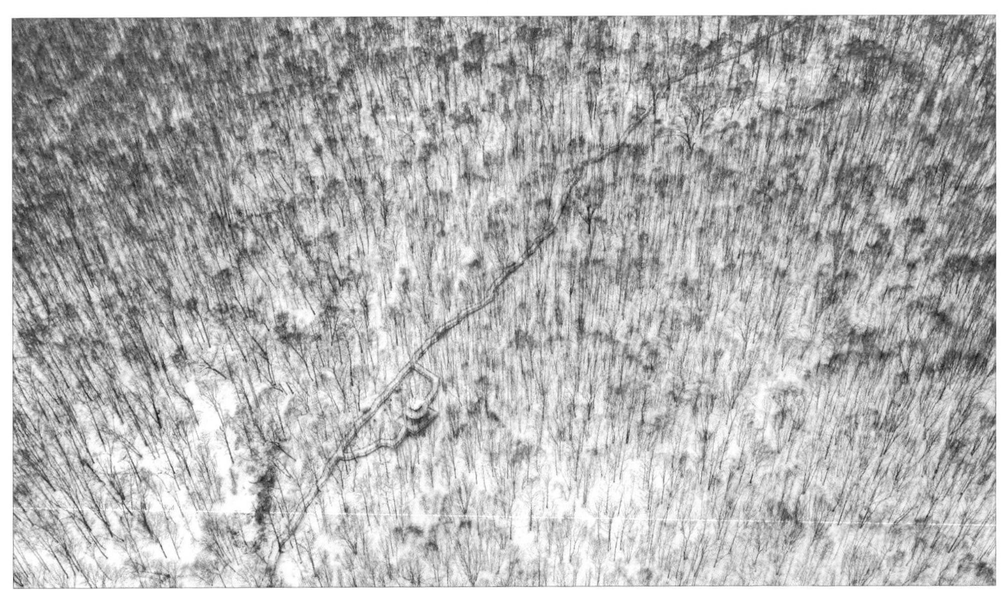

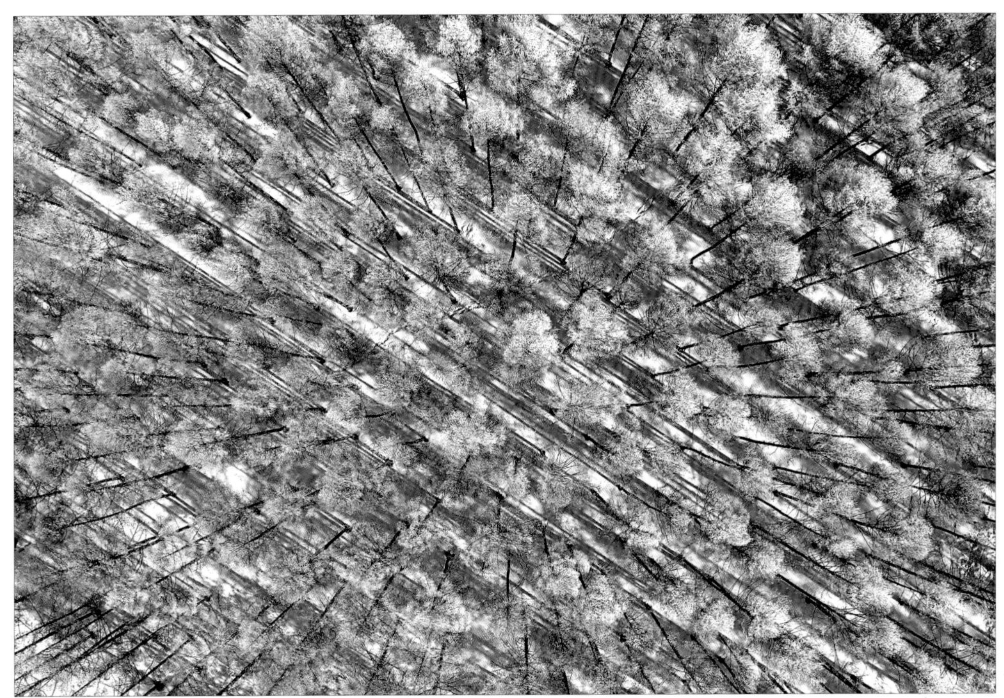

顶图：“圆珠笔画”（拍摄于双鸭山集贤七星山森林公园）

凇花绽放（拍摄于双鸭山寒葱沟）

上图：湿地冬韵（拍摄于佳木斯）

龙
（拍摄于大兴安岭南瓮河湿地）

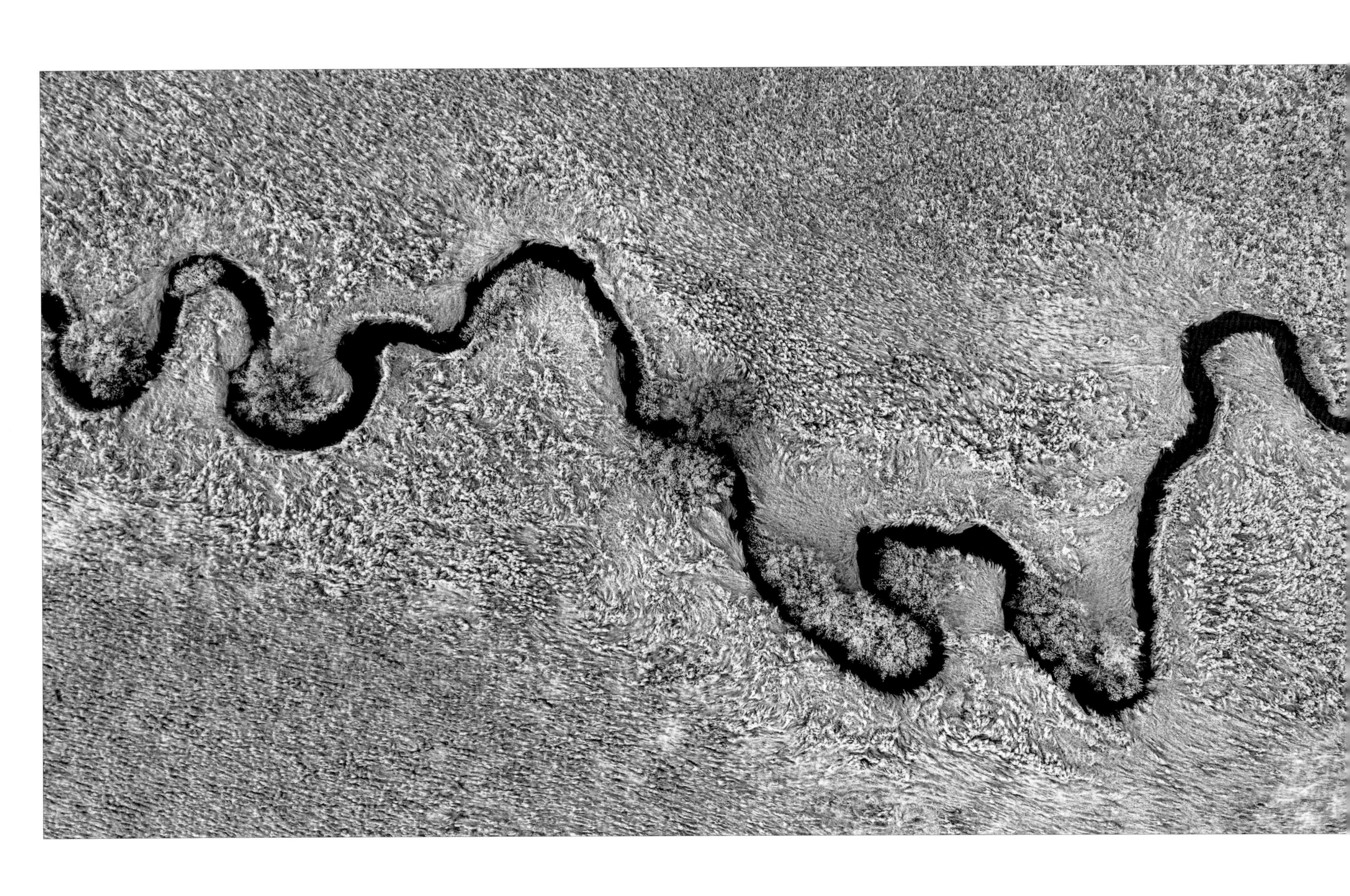

山河多灵秀

（拍摄于鹤岗小鹤立河）

秋与冬的对话
（拍摄于鹤岗）

顶图：拜泉梯田胜江南（拍摄于齐齐哈尔拜泉）

上图：冰凌花（拍摄于哈尔滨阿城）

群鹿游冬
（拍摄于齐齐哈尔拜泉仙洞山）

温情

（拍摄于哈尔滨东北虎林园）

春归
（拍摄于鸡西兴凯湖）

春江雁舞
（拍摄于牡丹江）

幻境恋曲
（拍摄于齐齐哈尔扎龙自然保护区）

顶图：风雪情浓（拍摄于齐齐哈尔扎龙自然保护区）

上图：缱绻（拍摄于鹤岗）

顶图：苍鹭之舞（拍摄于鸡西兴凯湖）

上图：东方白鹳（拍摄于哈尔滨松花江）

白鹭翩翩
（拍摄于双鸭山饶河）

# 冰雪之情

极度深寒孕育玉魄碧澄，冰雪冷意滋养傲物雄情。雪无语，却能引发遐思张扬；冰默言，总能触动艺术灵感。雪花飘飘飞舞着爱恋，冰霜冽冽宣示着无尽豪迈。握雪在手，一朵朵雪花的凝结，成就艺苑仙葩，让整个冬天纷纷盛开；执冰而塑，一片片冰凌的依偎，造化世间奇迹，让我国的极北之季节楚楚动人。饱蘸情愫相拥冰雪，精湛的手艺妆扮出塞北梦幻世界般冰雕雪塑王国，多彩多姿的艺术盛宴，怎不令中外游客流连忘返、折腰慨叹!

冰天雪地任我行（拍摄于牡丹江海林）

第60—61页图：冰雪嘉年华（拍摄于哈尔滨松花江）

雪乡欢歌
（拍摄于牡丹江海林）

雪乡夜色
（拍摄于牡丹江海林）

顶图：雪乡旋律（拍摄于牡丹江海林）

上图：雪乡人家（拍摄于牡丹江海林）

好日子
（拍摄于牡丹江海林雪乡）

雪沃山村
（拍摄于大海林林业局）

城堡的故事

（拍摄于哈尔滨伏尔加庄园）

冰城企鹅（组照）
（左图、右上图拍摄于哈尔滨伏尔加庄园，右下图拍摄于哈尔滨太阳岛雪博会）

六弦胡琴演奏《苏武牧羊》与企鹅表演
（拍摄于哈尔滨大剧院前广场）

2024“华艺杯”国际标准舞大赛
（拍摄于哈尔滨）

泼水成冰

（拍摄于大兴安岭）

冰雪乐园
（拍摄于哈尔滨）

第73页图：向云端
（拍摄于大海林林业局二浪河

雪中的“车把式”
（拍摄于哈尔滨尚志帽儿山）

和谐共处

（拍摄于大海林林业局雪谷）

劳作的乐章
（拍摄于大庆）

琉璃春夜跑冰排
（拍摄于大兴安岭呼玛）

新旧松花江铁路大桥
（拍摄于哈尔滨）

顶图：蓄势待发（拍摄于哈尔滨）

上图：中东铁路机车库（拍摄于牡丹江横道河子）

穿越林海雪原
（拍摄于佳木斯）

天然雕琢冰窗花（组照）
（拍摄于哈尔滨）

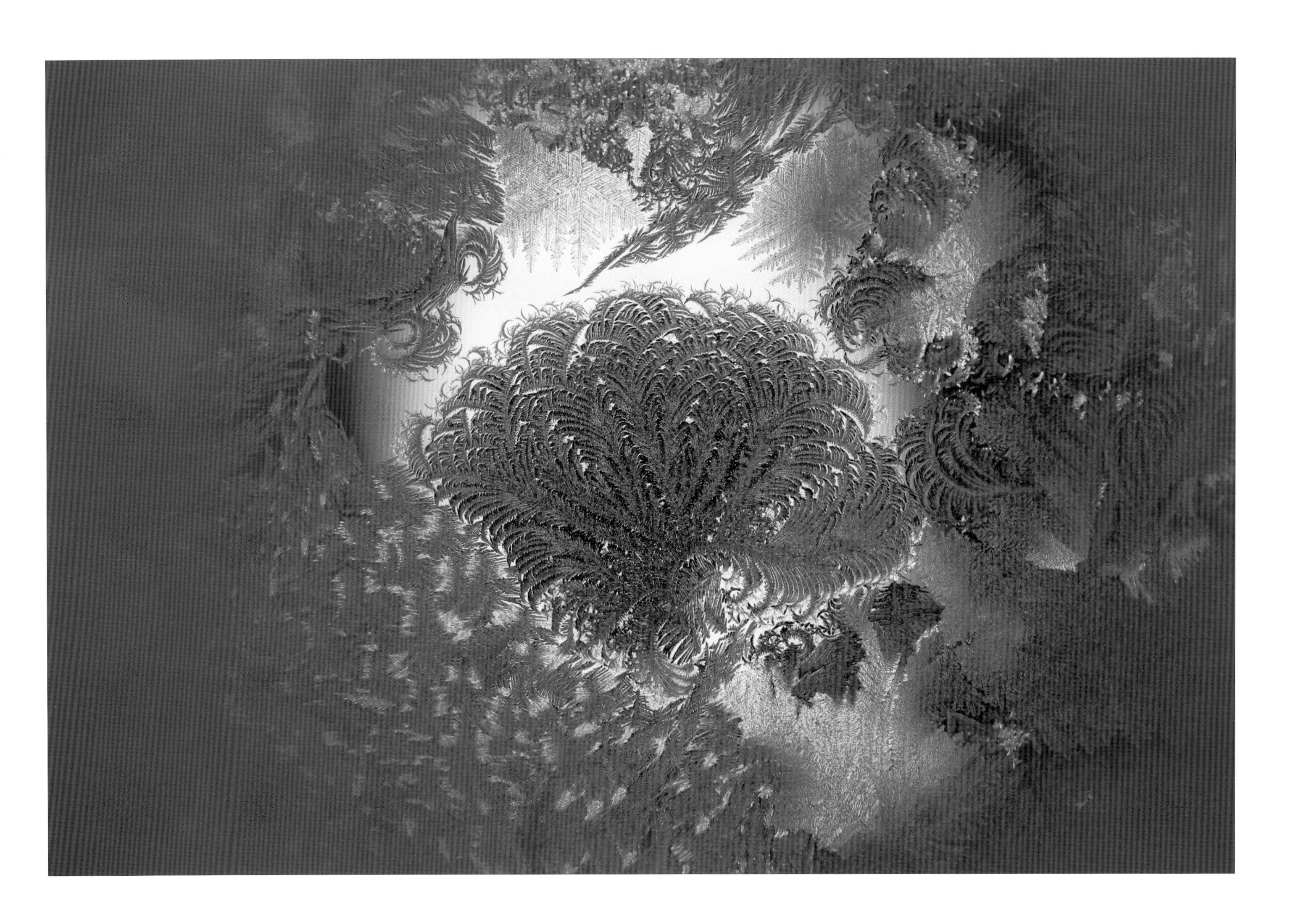

如诗如画冰窗花
（拍摄于黑河）

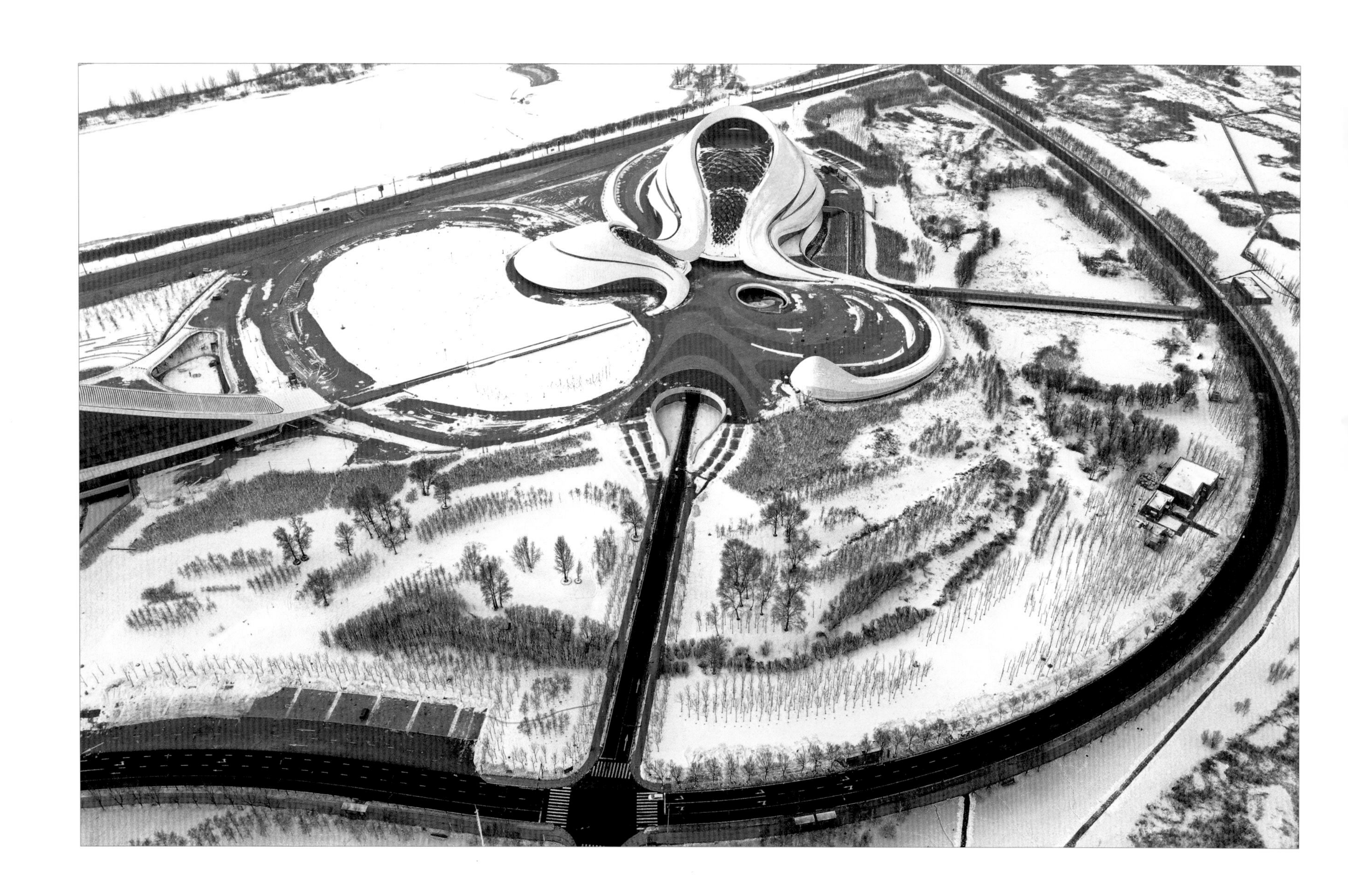

雪沐大剧院
（拍摄于哈尔滨）

夕照雪塑

（拍摄于哈尔滨太阳岛雪博会）

左图：大雪人（拍摄于哈尔滨音乐公园）

上图：雪的爱恋（拍摄于哈尔滨太阳岛雪博会）

纵情冰雪间
（拍摄于哈尔滨冰雪大世界）

家和万事兴

（拍摄于哈尔滨冰雪大世界）

冰雕师
（拍摄于哈尔滨冰雪大世界）

冰雪之喜
（拍摄于哈尔滨冰雪大世界）

童趣与童乐（组照）
（拍摄于哈尔滨冰雪大世界）

右图：冰雪璀璨不夜天
（拍摄于哈尔滨冰雪大世界）

园区东出口
EXIT

冰雪画卷

（拍摄于哈尔滨冰雪大世界）

# 冰雪之韵

于寒冬凛冽中宣展炽热情怀，于冰雪无意中勾勒美好向往，于迎风傲雪中体验运动带来的酣畅，黑龙江人从不缺乏诗意韵章。将烟火气息融入冰雪，大街小巷琳琅满目的冰雪美食挑动舌尖垂涎欲滴；将千年传承融进冰雪，唤醒雪域民族千年记忆，重拾儿时欢乐时光；将彪悍豪迈的性格注入冰雪，刚与柔、力与美浑然交融，呈现撼人心魄的光芒。人与自然的和谐共融、欢乐悸动，更使得冰雪神韵幻化无限令人如痴如醉。

兴凯湖冬捕节
（拍摄于鸡西兴凯湖）

原汁原味炖湖鱼
（拍摄于鸡西兴凯湖）

冬捕的收获

（拍摄于牡丹江镜泊湖）

兴凯湖冬捕节

（拍摄于鸡西兴凯湖）

东北特色冻货（组照）
（拍摄于牡丹江海林雪乡）

南岛湖国际冰钓大赛
（拍摄于鸡西乌苏里江）

冰棍真好吃

（拍摄于哈尔滨中央大街）

“尔滨”你好
（拍摄于哈尔滨中央大街）

第105页图：冬季的美食
（拍摄于哈尔滨中央大街

冷饮厅
1906

抽冰尜
（拍摄于鸡西森林公园）

龙年雪博会

（拍摄于哈尔滨太阳岛）

鹤岗冬季冰雪汽车拉力赛
（拍摄于鹤岗鹤立湖风景区）

奔驰在黑龙江上
（拍摄于黑河）

冰雪龙舟赛
（拍摄于大庆）

冰上腾龙舟
（拍摄于哈尔滨）

严寒勇士
（拍摄于鸡西虎林）

上海合作组织国家雪地足球赛揭幕战
（拍摄于哈尔滨体育学院）

如影随形
（拍摄于七台河体育中心）

放眼世界　未来有我（拍摄于哈尔滨）

第116—117页图：舞动梦想（拍摄于牡丹江农垦管理局文化体育中心）

全国冰壶联赛
（拍摄于伊春）

冠军队摇篮
（拍摄于哈尔滨尚志亚布力滑雪场）

驰骋
（拍摄于哈尔滨尚志亚布力滑雪场）

速度与激情
（拍摄于伊春九峰山滑雪场）

上冰雪·迎亚冬·向未来
（拍摄于哈尔滨伏尔加庄园滑雪场）

# 摄影作者（以姓氏笔画排序）

于军　于涛　于占坤　门奎　马广祥
马云奇　王成　王利　王哲　王智
王守志　王国刚　王学友　王漓江　王福民
王殿生　王殿君　王德文　王德伟　卞永平
方殿君　石亮　石宝军　叶建民　田云祥
付春梅　冯贤　曲延林　朱良君　朱敬业
乔福祥　刘洋　刘万明　刘心胜　刘传智
刘庆明　刘胜波　刘敬东　刘锡辉　江绪鹏
安石春　许春娟　杜玉杰　李东　李萍
李晓男　杨健　杨宝章　肖荣江　邹继彦
邹智源　邹新生　沙君厚　宋昊　宋晓君
张伦　张涛　张化胜　张海峰　陈刚
陈君　陈文华　陈宇龙　陈志刚　林进春
国徽　庞宪群　单炳林　屈慧彬　孟繁久
赵刚　赵春霞　郄安林　胡冰　段明礼
侯庆滨　宫本强　耿洪杰　原勇　党爱河
徐义　徐林　徐岩　徐志文　高慧
高连水　高福贵　戚进　逯云峰　韩阳
程廷秀　程海英　谢英　路希天　潘岩
薛金连　穆连庆

图书在版编目（CIP）数据

黑龙江的冰天雪地也是金山银山 / 马新，周井泉主编. -- 北京 : 中国摄影出版传媒有限责任公司, 2024.2
ISBN 978-7-5179-1410-5

Ⅰ. ①黑… Ⅱ. ①马… ②周… Ⅲ. ①生态环境建设 - 黑龙江省 - 摄影集 Ⅳ. ①X321.235-64

中国国家版本馆CIP数据核字(2024)第035037号

---

封面题字：孙晓云
艺术顾问：邹新生
策　　划：马　新　周井泉

**编 委 会**



---

书　　名：黑龙江的冰天雪地也是金山银山
主　　编：马　新　周井泉
责任编辑：宋　蕊
版式设计：施　岩
出　　版：中国摄影出版传媒有限责任公司（中国摄影出版社）
地　址：北京东城区东四十二条48号　邮　编：100007
发行部：010-65136125　65280977
网　址：www.cpph.com
邮　箱：distribution@cpph.com
经　　销：全国新华书店
印　　刷：哈尔滨博奇印刷有限公司
开　　本：16开　889mm × 1194mm
印　　张：7.75
版　　次：2024年10月第1版　第1次印刷
印　　数：1-3000 册
ISBN 978-7-5179-1410-5
定　　价：370.00元

---